Sven-David Müller

Vitamine, Mineralstoffe und sekundäre Pflanzenstoffe in der Therapie und Prophylaxe

GRIN Verlag

Bibliografische Information der Deutschen Nationalbibliothek:

Die Deutsche Bibliothek verzeichnet diese Publikation in der Deutschen National-
bibliografie; detaillierte bibliografische Daten sind im Internet über http://dnb.d-
nb.de/ abrufbar.

Impressum:

Copyright © 2011 GRIN Verlag GmbH
Druck und Bindung: Books on Demand GmbH, Norderstedt Germany
ISBN: 978-3-656-04504-5

Dieses Buch bei GRIN:

http://www.grin.com/de/e-book/180939/vitamine-mineralstoffe-und-sekundaere-
pflanzenstoffe-in-der-therapie-und

Der Stellenwert von Naturstoffen (Mineralstoffe, Vitamine und sekundäre Pflanzenstoffe) in der modernen Ernährungsmedizin und Diätetik

von Sven-David Müller, M.Sc.

Inhaltsverzeichnis

Übersicht

Naturstoffe

Diskussion

Hippokrates, geb. 460 v. Chr. auf Kos, gest. 370 v. Chr. in Larissa
Auszug aus dem Hippokratischen Eid:
„... Die diätetischen Maßnahmen werde ich nach Kräften und gemäß
meinem Urteil zum Nutzen der Kranken einsetzen, Schädigung und
Unrecht aber ausschließen. ..."

Auswirkungen auf die Gesundheit

Der Kenntnisstand der Ernährungswissenschaft und der Ernährungsmedizin
bestimmt die aktuellen Ernährungsempfehlungen für die Bevölkerung. Ein
gesundes Essverhalten beinhaltet demnach viel Gemüse und Obst,
Vollkornprodukte und eine moderate Fettzufuhr vorwiegend in Form
ernährungsphysiologisch hochwertiger pflanzlicher Fette. Gemüse und Obst
liefern dem Körper essenzielle Vitamine und Mineralstoffe sowie
gesundheitsförderliche sekundäre Pflanzenstoffe. Vollkornprodukte dienen der
Gesundheit durch einen hohen Ballaststoffgehalt, der nicht nur eine Sättigung
bewirkt sondern auch die Aufnahme von Kohlenhydraten in den Körper
verlangsamt und für eine intakte Funktion des Gastrointestinaltraktes wichtig ist.
Jahrelang wurde empfohlen, Fett zu sparen, wo irgend möglich. Die Einstellung
zur Fettzufuhr ist heute liberaler geworden. Statt zu reduzieren ist die Fettzufuhr
den neuesten ernährungswissenschaftlichen Ergebnissen nach zu modifizieren.
Gesättigte Fettsäuren, deren Hauptlieferant tierische Produkte sind, benötigt der
menschliche Körper nachweislich nicht und führen zu negativen Auswirkungen
auf die Serumlipide. Dagegen übernehmen einfach- und mehrfach ungesättigte
Fettsäuren wie sie pflanzliche Lebensmittel enthalten im menschlichen
Organismus physiologische Funktionen und sollten bevorzugt verzehrt werden.

Cholesterin

Zur Realität klafft bei diesen Ernährungsempfehlungen jedoch eine große Lücke. Im Durchschnitt ist das Essverhalten in Deutschland bestimmt durch einen zu hohen Verzehr von tierischen Fetten, Weißmehlprodukten und zu wenig Gemüse und Obst. Daraus resultiert eine übermäßige Kalorienzufuhr, während Mirkonährstoffe wie Vitamine und Mineralien in vielen Fällen zu kurz kommen. Ernährungsmitbedingte Krankheiten wie Osteoporose, Adipositas oder Diabetes mellitus-Typ-2 erlangen daher in Deutschland beinahe das Epidemie-Stadium. Von den gesundheitlichen Beeinträchtigungen eines jeden einzelnen abgesehen, entstehen der Volkswirtschaft durch diesen Raubbau am eigenen Körper Kosten in immenser Höhe.

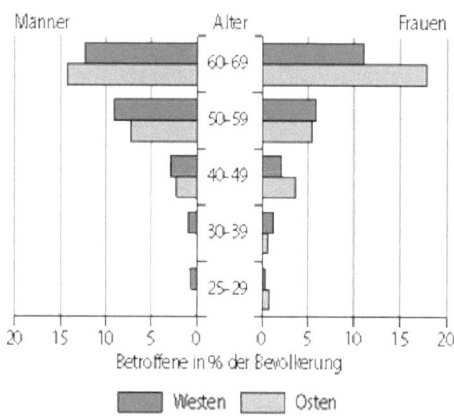

Abbildung: Prävalenz von Diabetes mellitus

Chemische Struktur und Funktion verschiedener Nahrungsbestandteile aus ernährungsmedizinischer Sicht

Vitamine

Der Begriff Vitamin stammt aus dem lateinischen und setzt sich aus den Wörtern „Vita" – das Leben und „Amin" – Stickstoffverbindung zusammen. Diese Bezeichnung könnte den Eindruck hervorrufen, dass es sich bei allen Vitaminen um Stickstoffverbindungen handeln würde; eine solche Charakterisierung der Vitamine ist jedoch generell nicht gegeben (4). Die Bezeichnung beruht auf der Struktur des Thiamins, bei dessen Identifizierung der Begriff geprägt wurde.

Nach der Strukturaufklärung der übrigen Vitamine hat sich jedoch herausgestellt, dass diesen Stoffen keine einheitliche chemische Struktur zugrunde liegt, wie es etwa bei Fetten, Proteinen oder Kohlenhydraten der Fall ist, und dass es sich nicht bei jedem Vitamin um ein Amin handelt. Wie heute bekannt ist, sind Vitamine chemisch untereinander sehr verschieden (8). Für den Menschen sind alle Vitamine essenziell. Der Mensch ist daher auf eine exogene Zufuhr der Vitamine mit der Nahrung angewiesen, da ihm die Fähigkeit zur Biosynthese dieser Stoffe oder deren Vorstufen fast gänzlich fehlt. Die einzigen Ausnahmen in diesem Zusammenhang bilden Vitamin D und Niacin. In begrenzter Menge ist der Körper in der Lage, Vitamin D in der Haut zu produzieren. Voraussetzung für diese chemische Reaktion ist aber eine UV-Lichtexposition und das Vorhandensein der Ausgangssubstanz Cholesterin. Im Fall des Niacins kann der Körper Tryptophan, eine der essenziellen Aminosäuren, zur Synthese von Niacin nutzen. Eine weitere Gemeinsamkeit der Vitamine liegt darin, dass der Körper nur in begrenztem Umfang zur Speicherung in der Lage ist. Somit ist die regelmäßige Zufuhr von Vitaminen mit der Nahrung eine Grundvoraussetzung für einen gesunden Stoffwechsel. Die unterschiedliche Struktur und Funktion ermöglicht lediglich eine grobe Unterteilung der Vitamine in zwei Gruppen, die auf ihren chemischen Eigenschaften beruht. Es gibt fettlösliche Vitamine, deren Transportweg dem der Fette ähnelt (8). Dazu gehören die Vitamine A, D, E und K. Die übrigen Vitamine (Thiamin, Riboflavin, Pyridoxin, Cobalamin, Folsäure, Niacin, Biotin, Pantothensäure und Vitamin C) zählen zur Gruppe der wasserlöslichen Vitamine. Viele Vitamine wirken als Aktivator oder Bestandteil verschiedener Enzyme des menschlichen Metabolismus.

Mineralstoffe

Bei Mineralstoffen handelt es sich um essenzielle anorganische Elemente, die sowohl in pflanzlichen als auch in tierischen Lebensmitteln enthalten sind. Der Mensch benötigt sie zum Aufbau körpereigener Substanz und zur Aufrechterhaltung verschiedener Körperfunktionen wie des osmotischen Drucks in Intra- und Extrazellulärraum (5). Eine Einteilung der Mineralstoffe erfolgt durch ihr mengenmäßiges Vorhandensein im menschlichen Körper. Elemente, die zu mehr als 50 Milligramm pro Kilogramm Körpergewicht vorhanden sind, werden als Mengenelemente zusammengefasst. Die Bezeichnung der restlichen Mineralstoffe, deren Konzentration in der Regel weniger als 50 Milligramm pro

Körperkilogramm beträgt, lautet Spurenelemente (8). Die Mengenelemente umfassen die Metalle Natrium, Kalium, Magnesium und Kalzium sowie die Nichtmetalle Chlor, Phosphor und Schwefel (5). Sie liegen im menschlichen Körper im wässrigen Milieu meist in ionisierter Form als Kationen vor und werden daher auch als Elektrolyte bezeichnet. Durch ihre Eigenschaft als Ladungsträger haben sie unter anderem eine wichtige Funktion bei der Aufrechterhalten des Wasserhaushaltes. Ihre weiteren physiologischen Funktionen variieren jedoch stark (8).

Zu den essenziellen Spurenelementen zählen Eisen, Jod, Fluor, Zink, Kupfer, Selen, Mangan, Chrom, Molybdän sowie vermutlich Nickel, Silizium und Brom. Daneben gibt es Spurenelemente wie Lithium und Rubidium, die keine bekannte Funktion im menschlichen Körper ausüben sowie die toxischen Spurenelemente wie unter anderem Blei, Kadmium und Quecksilber (5). Ebenso wie die Mengenelemente sind auch die Spurenelemente eine funktionell heterogene Gruppe, deren physiologische Bedeutung durch ihre chemischen Eigenschaften bestimmt werden. Jod ist das einzige Spurenelement, das überwiegend in einem Organ, der Schilddrüse, enthalten ist. Im Gegensatz zu den Mengenelementen liegen die meisten Spurenelemente im Organismus nicht in ionisierter Form vor, sondern bilden stabile, kovalente Komplexe mit vier oder mehr Bindungspartner (Chelatbildung) (8). Die Kenntnisse über Funktion und Stoffwechsel der Mengen- und Spurenelemente entwickeln sich durch neue Forschungsmethoden immer weiter. Spurenelementen, die wie beispielsweise Arsen bislang als toxisch galten, werden heute auch eine physiologische Bedeutung zugeschrieben.

Sekundäre Pflanzenstoffe

Die Gruppe der sekundären Pflanzenstoffe umfasst schätzungsweise 60.000 bis 100.000 Substanzen. Sie dienen den Pflanzen als Farbstoffe, Wachstumsregulatoren, Abwehrstoffe gegen Krankheiten und Schädlinge sowie Aroma- und Duftstoffe. Auch im menschlichen Körper entfalten sie gesundheitsfördernde Wirkungen und können beispielsweise Krebs und Herz-Kreislauf-Erkrankungen vorbeugen. Chemisch gesehen sind die sekundären Pflanzenstoffe eine heterogene Gruppe (5). Die wichtigsten Gruppen sind:

- Karotinoide
- Phytosterine

- Saponine
- Glucosinolate
- Polyphenole
- Protease-Inhibitoren
- Terpene
- Phytoöstrogene
- Sulfide

Einfach und mehrfach ungesättigte Fettsäuren

Fettsäuren sind aus einer Kohlenstoffkette aufgebaut. Die Länge dieser Kohlenstoffkette ist variabel und entscheidet über die Einteilung in kurzkettige (short chain fatty acids), mittelkettige (middle chain fatty acids) oder langkettige (long chain fatty acids) Fettsäuren. An einer oder mehreren Stellen in der Kohlenstoffkette kann sich eine Doppelbindung befinden. Hierbei handelt es sich um die einfach oder mehrfach ungesättigten Fettsäuren.

Die einfach ungesättigten Fettsäuren (Monoensäuren, mono unsaturated fatty acids, MUFA) erhöhen das HDL-Cholesterin und tragen damit zur Vorbeugung von Arteriosklerose bei.

Bei den mehrfach ungesättigten Fettsäuren (Polyensäuren, poly unsaturated fatty acids, PUFA) entscheidet die Stellung der Doppelbindungen über die Einteilung in Omega-3- und Omega-6-Fettsäuren. Die mehrfach ungesättigten Fettsäuren senken das LDL- und Gesamtcholesterin.

Ballaststoffe

Bei Ballaststoffen handelt es sich um pflanzliche Nahrungsbestandteile, die das menschliche Verdauungssystem nicht verwerten kann. Chemisch gesehen gehören mit Ausnahme des Lignin alle Ballaststoffe zur Gruppe der Kohlenhydrate. Die Unterteilung der Ballaststoffe erfolgt aufgrund ihrer Fähigkeit, Wasser zu binden. Die Wasserlöslichkeit der Ballaststoffe beruht im Wesentlichen auf ihrer Polysaccharidstruktur. Je verzweigter die Struktur ist, desto größer die Wasserlöslichkeit (9).

Zu den unlöslichen Ballaststoffen zählen Zellulose, die Gerüstsubstanz der pflanzlichen Zellwände, Hemizellulosen, die ebenfalls in Pflanzenzellwänden enthalten sind, und Lignin, das für die Verholzung von Pflanzenbestandteilen verantwortlich ist. Die löslichen Ballaststoffe umfassen unter anderem Pektine, Pflanzengummen, und Betaglukane (5).

Vitamin- und Mineralstoffmangel

Ein Vitamin- und Mineralstoffmangel entwickelt sich dann, wenn die Zufuhr über die Nahrung den Bedarf des Körpers nicht deckt. Der Fachverband der deutschen, österreichischen und schweizerischen Ernährungsgesellschaften (D.A.CH. 2000) hat Referenzwerte für die Nährstoffzufuhr zusammengestellt, die den Bedarf an Vitaminen und Mineralstoffen eines gesunden Menschen decken.

Tabelle 1: D.A.CH.-Referenzwerte für fettlösliche Vitamine (4)

	Vitamin A (mg-Äquivalent / d)		Vitamin D (µg / d)		Vitamin E (mg-Äquivalent / d)		Vitamin K (µg / d)	
Alter	m	w	m	w	m	w	m	w
0 bis 4 Monate	0,5		10		3	3	4	
4 bis 12 Monate	0,6		10		4	4	10	
1 bis unter 4 Jahre	0,6		5		6	5	15	
4 bis unter 7 Jahre	0,7		5		8	8	20	
7 bis unter 10 Jahre	0,8		5		10	9	30	
10 bis unter 13 Jahre	0,9		5		13	11	40	
13 bis unter 15 Jahre	1,1	1,0	5		14	12	50	
15 bis unter 19 Jahre	1,1	0,9	5		15	12	70	60
19 bis unter 25 Jahre	1,0	0,8	5		15	12	70	60
25 bis unter 51 Jahre	1,0	0,8	5		14	12	70	60
51 bis unter 65 Jahre	1,0	0,8	5		13	12	80	65
65 Jahre und älter	1,0	0,8	10		12	11	80	65
Schwangere		1,1	5			13		60
Stillende		1,5	5			17		60

Tabelle 2: D.A.CH.-Referenzwerte für wasserlösliche Vitamine (4)

	Thiamin (mg / d)		Riboflavin (mg / d)		Niacin (mg-Äquivalent / d)		Vitamin B$_6$ (mg / d)		Biotin (µg / d)	
Alter	m	W	m	w	m	w	m	w	m	w
0 bis 4 Monate	0,2		0,3		2		0,1		5	
4 bis 12 Monate	0,4		0,4		5		0,3		5-10	
1 bis unter 4 Jahre	0,6		0,7		7		0,4		10-15	
4 bis unter 7 Jahre	0,8		0,9		10		0,5		10-15	
7 bis unter 10 Jahre	1,0		1,1		12		0,7		15-20	
10 bis unter 13 Jahre	1,2	1,0	1,4	1,2	15	13	1,0		20-30	
13 bis unter 15 Jahre	1,4	1,1	1,6	1,3	18	15	1,4		25-35	
15 bis unter 19 Jahre	1,3	1,0	1,5	1,2	17	13	1,6	1,2	30-60	
19 bis unter 25 Jahre	1,3	1,0	1,5	1,2	17	13	1,5	1,2	30-60	
25 bis unter 51 Jahre	1,2	1,0	1,4	1,2	16	13	1,5	1,2	30-60	

51 bis unter 65 Jahre	1,1	1,0	1,3	1,2	15	13	1,5	1,2	30-60
65 Jahre und älter	1	1,0	1,2	1,2	13	13	1,4	1,2	30-60
Schwangere		1,2		1,5		15		1,9	30-60
Stillende		1,4		1,6		17		1,9	30-60

	Folsäure (µg-Äquivalent / d)		Pantothensäure (mg / d)		Vitamin B$_{12}$ (µg / d)		Vitamin C (mg / d)	
Alter	m	w	m	w	m	w	m	w
0 bis 4 Monate	60		2		0,4		50	
4 bis 12 Monate	80		3		0,8		55	
1 bis unter 4 Jahre	200		4		1,0		60	
4 bis unter 7 Jahre	300		4		1,5		70	
7 bis unter 10 Jahre	300		5		1,8		80	
10 bis unter 13 Jahre	400		5		2,0		90	
13 bis unter 15 Jahre	400		6		3,0		100	
15 bis unter 19 Jahre	400		6		3,0		100	
19 bis unter 25 Jahre	400		6		3,0		100	
25 bis unter 51 Jahre	400		6		3,0		100	
51 bis unter 65 Jahre	400		6		3,0		100	
65 Jahre und älter	400		6		3,0		100	
Schwangere		600		6		3,5		110
Stillende		600		6		4,0		150

Ein Vitamin- und Mineralstoffmangel kann beispielsweise nicht nur Folge einer zu geringen Zufuhr mit der Nahrung sein sondern auch durch einen erhöhten Bedarf ausgelöst werden. Das ist dann der Fall, wenn keine optimale Resorption der abgebotenen Vitamine und Mineralstoffe, aufgrund von Krankheiten oder durch Wechselwirkungen mit Medikamenten, erfolgen kann. Der Verlauf eines Vitaminmangels erfolgt in verschiedenen Stufen. Zunächst verringern sich die Speicher des Körpers, was zu vielfältigen, biochemischen Veränderungen führt (8). Durch diese Veränderungen kommt es zu unspezifischen Symptomen, die sich dann zu typischen klinischen Krankheitsbildern entwickeln (8). Dieser Ablauf gleicht einem Eisberg (vgl. Abb.), da die Symptome nur die Spitze des gesamten Ausmaßes eines Vitaminmangels darstellen. Der Verlauf eines Mineralstoffmangel ist ähnlich.

Prävention mit Naturstoffen und ihr therapeutisches Potenzial

- Ernährung kann der Gesundheit nicht nur schaden, sondern sie auch bewahren bzw. zu einem gewissen Grad wieder herstellen

Mikronährstoffe

<u>Vitamine</u>

Vitamin A

Vitamin A findet sich insbesondere in Fischleberölen (7). In pflanzlichen Lebensmitteln liegt Vitamin A in Form von Carotinoiden vor, die auch als Provitamin A bekannt sind. Zu den Aufgaben gehören der Sehvorgang, die Regulation des Wachstums und der Aufbau von Haut und Schleimhäuten (8). Die Symptome eines Vitamin A-Mangels zeigen sich im Bereich der Augen als Störungen der Dunkeladaption, Bitotschen Flecken und Keratomalazie bis hin zu Erblindung. Weitere Auswirkungen eines Vitamin A-Mangels zeigen sich an Haut und Schleimhäuten, die bis hin zur Verhornung eintrocknen können. Außerdem treten Bronchitis und Pneumonien auf (4).

Vitamin D

Vitamin D-Quellen sind Fettfische wie Hering und Makrele, Leber und Eigelb. Margarine wird mit Vitamin D zum Teil mit Vitamin D angereichert (7). Vitamin D ist entscheidend an der Calcium-Absorption im Darm beteiligt und sorgt für die Einlagerung des Calciums in den Knochen. Aufgrund der Hauptfunktion des Vitamin D, lassen sich die Folgen eines Mangels ableiten. Es kommt zu einer Störung bei der Mineralisierung der Knochen (9). In einem solchen Fall kommt es zu Verformungen der Knochen und gehäuften Frakturen. Das Krankheitsbild eines Vitamin D-Mangels wird im Säuglings- und Kleinkindalter als Rachitis im adulten Skelett als Osteomalazie bezeichnet (4). Die Symptome der Osteomalazie reichen von muskulärer Schwäche über Knochenschmerz bis hin zu Frakturen. Besonders die Knochen des Beckens, des Thorax und der Extremitäten werden bei der Osteomalazie in Mitleidenschaft gezogen. Die Rachitis betrifft die wachsenden Knochen, insbesondere Schädel-, Rippen- und Beinknochen sowie die Wirbelsäule und führt zu Deformierungen (9). Die Rachitis ist heute fast vollständig verschwunden, da Vitamin D oral substituiert wird.

Vitamin E

Der Gehalt an Vitamin E in tierischen Produkten hängt von dem der pflanzlichen Nahrung der Tiere ab, da Tocopherole nur von Pflanzen hergestellt werden können. Lebensmittel mit einem hohen Gehalt an mehrfach ungesättigten Fettsäuren, zum Beispiel pflanzliche Öle, enthalten in aller Regel auch viel Vitamin E (7). Bei Vitamin E handelt es sich um einen wichtigen Schutzfaktor gegen die Oxidation von ungesättigten Fettsäuren. Aufgrund der Fähigkeit, freie Radikale abzufangen, kann Vitamin E die Oxidation des Fettes verhindern. Diese Funktion ist für die Zellmembranen entscheidend. Neuropathien und Myopathien zählen zu den wesentlichen Störungen, die durch Vitamin E-Mangel hervorgerufen werden (4).

Vitamin K
Quellen für Vitamin K sind grünes Gemüse, Milch und Milchprodukte, Muskelfleisch sowie Getreide (7). Die Funktion von Vitamin K liegt in der Beteiligung an der Bildung von Gerinnungsfaktoren. Daher wirkt sich ein Mangel an Vitamin K auf die Blutgerinnung aus (4). Die Blutgerinnungszeit verlängert sich (9).

Thiamin (Vitamin B$_1$)
Thiamin-Quellen sind Muskelfleisch, einige Fischarten wie Scholle und Thunfisch sowie Vollkornerzeugnisse (7). In Form des Coenzyms TPP ist Thiamin an vielen Stoffwechselvorgängen des menschlichen Körpers beteiligt. Ein Beispiel dafür ist die nicht-oxidative und die oxidative Decarboxylierung von alpha-Ketosäuren (8). Allgemein liegen die Funktionen des Thiamins in der Erhaltung von Nerven-, Herz- und Muskelgewebe. Die klassische Thiamin-Mangelerkrankung heißt Beriberi und ist auf Entwicklungsländer beschränkt (14). Ein marginaler Mangel führt zunächst zu unspezifischen Symptomen wie Müdigkeit, Gewichtsverlust und zerebralen Ausfallserscheinungen. Bei einem klinischen Thiaminmangel kommen zudem periphere Neuropathien, Muskelatrophie sowie Tachykardien hinzu (2).

Riboflavin (Vitamin B$_2$)
Milch und Milchprodukte, Muskelfleisch, Fisch sowie Eier und Vollkornprodukte sind gute Lieferanten für Riboflavin (7). Riboflavin wirkt hauptsächlich als Vorstufe der Coenzyme FMN und FAD. Außerdem zählt der Umsatz von Medikamenten und der Fettstoffwechsel zu den wichtigsten Funktionen des Riboflavin. Zu den frühen Symptomen eines Riboflavinmangels gehören

Mundwinkelrhagaden, Glossitis sowie Stomatitis (4). Bei fortgeschrittenem Mangel entwickelt sich im Spätstadium eine hypochrome Anämie (3).

Pyridoxin (Vitamin B₆)

Vitamin B_6 ist in fast allen Lebensmitteln enthalten, als gute Lieferanten gelten dabei Hühner- und Schweinefleisch, einige Gemüsearten, Kartoffeln sowie Bananen (7). Pyridoxin weist mit verschiedenen anderen Vitaminen wie Thiamin, Riboflavin, Biotin, Niacin, Folsäure, Vitamin C und E sowie einigen Hormonen des menschlichen Körpers einen synergistischen Effekt auf. Ähnlich wie die anderen B-Vitamine auch, wird das Pyridoxin vorwiegend in Form eines Coenzyms genutzt. In dieser Form ist Pyridoxin beispielsweise am Fettstoffwechsel, dem Nervensystem und dem Immunsystem beteiligt. Ein weiterer Funktionsbereich liegt bei der Niacinsynthese aus der Aminosäure Tryptophan. Die Symptome eines Pyridoxinmangels sind ähnlich der Symptome von Riboflavin- und Niacinmangel (4). Es kommt zu seborrhoischen Ekzemen im Gesicht, Cheilosis, Glossitis, Stomatitis sowie zu einer Pellagra-ähnlichen Dermatitis (2).

Cobalamin (Vitamin B₁₂)

Cobalamin ist in allen tierischen Lebensmitteln enthalten (7). Es findet im menschlichen Körper beim Fett- und Folsäurestoffwechsel in Form eines Coenzyms seinen Einsatz (4). Bei einem Cobalaminmangel zeigen sich verschiedene Symptome. Diese reichen von Blässe der Haut und Schleimhäute, Glossitis, Schwäche und Müdigkeit über die Degeneration verschiedener Bezirke des Rückenmarks bis hin zu Gedächtnisstörungen, Verwirrtheit sowie Psychosen (9). Die klassische Cobalamin-Mangelerkrankung ist die perniziöse Anämie, die in der Regel mit unspezifischen Symptomen wie Müdigkeit und Herzklopfen beginnt (3).

Niacin (Nikotinsäureamid, Nikotinsäure)

Zu guten Niacin-Lieferanten zählen mageres Fleisch, Fisch, Milch und Eier (7). Wie die anderen B-Vitamine auch, hat Niacin eine Hauptfunktion als Coenzym. Die beiden Coenzyme des Niacins Nikotinamid-Adenin-Dinucleotid NAD⁺) und Nikotinamid-Adenin-Dinucleotidphosphat (NADP⁺) sind an vielen metabolischen Reaktionen des Körpers beteiligt. Während es in den ersten Stadien eines Niacinmangels nur zu uncharakteristischen Symptomen wie Schlaflosigkeit,

Zungenbrennen, Kopfschmerzen oder Vergesslichkeit kommt, führt ein ausgeprägter Mangel zur klassischen Pellagra, die sich in Symptomen über die Haut, den Verdauungstrakt und das Nervensystem äußert (4). Diese klinischen Manifestationen werden unter den Begriffen Dermatitis, Diarrhö und Dementia zusammengefasst (9).

Folsäure

Zu guten Folsäurelieferanten zählen Gemüsearten wie Tomaten und Kohlsorten, Orangen sowie Brot- und Backwaren aus Vollkornmehl (7). Folsäure ist zusammen mit den Vitaminen Pyridoxin und Cobalamin am Abbau der Aminosäure Homocystein beteiligt und hat zudem eine wichtige Funktion bei der Zellteilung (9, 10). Die Folgen eines Folsäuremangels zeigen sich zunächst dort, wo es eine hohe Zellteilungsrate im Körper gibt. Als frühestes Zeichen eines Folsäuremangels kann eine hyperchrome makrozytäre Anämie beobachtet werden. Weitere Symptome sind physische Schwäche, Depressionen, Schlaflosigkeit sowie eine Degeneration des Rückenmarks (9). Es können zudem bei Schwangeren Fehlbildungen des Fetus bis hin zu Frühgeburten auftreten (Pschyrembel). Eine Unterversorgung mit Folsäure hat außerdem zur Folge, dass das Stoffwechselzwischenprodukt Homocystein nicht abgebaut werden kann. Homocystein entsteht im Rahmen des Stoffwechsels der essenziellen Aminosäure Methionin und wird mit Hilfe der Vitamine B6, B12 und Folsäure weiter umgesetzt. Findet dieser Abbau nur unzureichend statt, erhöht sich die Homocysteinkonzentration im Blut. In den letzten Jahren hat sich gezeigt, dass ein erhöhter Homocysteinspiegel im Blut ein unabhängiger Risikofaktor für Herz-Kreislauf-Erkrankungen ist. Durch Senkung des Homocysteinspiegels, beispielsweise durch Vitaminsupplementation bei unzureichender Nahrungszufuhr der Vitamine, könnten bis zu 25 Prozent der kardiovaskulären Erkrankungen vermieden werden (15). Es besteht zudem ein Zusammenhang zwischen erhöhtem Homocysteinspiegel und der Alzheimer-Erkrankung (13).

Pantothensäure

Muskelfleisch, Fisch und Vollkornerzeugnisse sind gute Lieferanten für Pantothensäure, aber nahezu alle Lebensmittel enthalten geringe Mengen (7). Auch die Wirkform der Pantothensäure ist ein Coenzym (Coenzym A), welches für den Metabolismus des Menschen von zentraler Bedeutung ist. Coenzym A ist unter anderem für den Kohlenhydrat-, den Lipid- sowie den Proteinstoffwechsel von zentraler Bedeutung. Ein Pantothensäuremangel führt beim Menschen zunächst zu unspezifischen Symptomen wie Kopfschmerzen, Müdigkeit, Magen-Darm-Störungen, Herzklopfen oder Missempfindungen. Bei fortgeschrittenem Mangel zeigen sich neben schlechter Wundheilung und einem niedrigen Blutdruck auch unkoordinierte Bewegungsabläufe (4).

Biotin

Gute Quellen für Biotin sind zum Beispiel Leber, Sojabohnen, Nüsse und Haferflocken (7). Es gibt vier Decarboxylasen, die auf Biotin als Coenzym angewiesen sind (8). In Form dieses Coenzyms ist Biotin am Kohlenhydrat-, Aminosäuren- und Lipidstoffwechsel des Menschen beteiligt. Klinische Symptome eines Biotinmangels sind vermehrte Schuppung der Haut, seborrhoide Dermatitis an Kopf, Hals und Extremitäten sowie Alopezie (11).

Vitamin C (Ascorbinsäure)

Vitamin C ist vor allem in Obst und Gemüse enthalten (7). Aus dieser chemischen Eigenschaft ergibt sich die Funktion der Ascorbinsäure als Redoxsystem. Im Bereich der extrazellulären Flüssigkeit gilt Vitamin C als das bedeutendste Antioxidanz und hat sich als effizienter Radikalfänger verschiedener , für den menschlichen Körper schädlicher, Substanzen erwiesen (8). Vitamin C ist somit wichtig für ein intaktes Immunsystem. Bei den klinischen Beschwerden eines Vitamin C-Mangels, die beim Erwachsenen zum klassischen Krankheitsbild des Skorbuts führen, sind Schleimhautblutungen und Schmerzen in den stärker beanspruchten Muskeln, vor allem in den Waden (4). Symptome eines leichten Vitamin C-Mangels sind Schwäche, Ermüdbarkeit, Zahnfleischbluten sowie eine erhöhte Anfälligkeit gegenüber Infektionen (9).

Vitamin- und Mineralstoffversorgung in Deutschland

Auf die Frage, ob die in Deutschland vorherrschenden Ernährungsgewohnheiten zu einer Deckung des Vitamin- und Mineralstoffbedarfs führen, gibt es widersprüchliche Angaben. Der von der Deutschen Gesellschaft für Ernährung (DGE) e.V. veröffentlichte Ernährungsbericht 2000 (6) beinhaltet unter anderem Daten über die mittlere tägliche Zufuhr an Vitaminen, angegeben in Prozent der Referenzwerte für die Nährstoffversorgung.

Tabelle 6: Mittlere tägliche Zufuhr an Vitaminen (in Prozent der Referenzwerte für die Nährstoffzufuhr)

a) Weibliche Personen

Vitamin	Alter der Personen								
	4 bis unter 7 Jahre	7 bis unter 10 Jahre	10 bis unter 13 Jahre	13 bis unter 15 Jahre	15 bis unter 19 Jahre	19 bis unter 25 Jahre	25 bis unter 51 Jahre	51 bis unter 65 Jahre	65 Jahre und älter
Vitamin A	115	107	106	103	126	139	148	191	174
Vitamin D	38	40	55	62	66	73	90	110	50
Vitamin E	105	100	91	86	97	89	94	110	116
Thiamin	91	81	86	94	112	107	120	133	125
Riboflavin	111	96	97	103	117	114	121	140	134
Niacin	167	155	161	164	206	201	230	270	256
Pantothensäure	73	65	71	67	71	69	74	87	83
Pyridoxin	184	153	114	97	121	115	128	152	145
Biotin	189-284	154-206	111-166	105-147	65-130	64-128	67-135	76-153	73-145
Folat	46	52	41	49	52	52	53	63	60
Vitamin B_{12}	202	178	187	139	158	157	171	203	190
Vitamin C	102	113	96	98	107	103	104	124	113

(Quelle: Ernährungsbericht 2000)

b) Männliche Personen

Vitamin	Alter der Personen								
	4 bis unter 7 Jahre	7 bis unter 10 Jahre	10 bis unter 13 Jahre	13 bis unter 15 Jahre	15 bis unter 19 Jahre	19 bis unter 25 Jahre	25 bis unter 51 Jahre	51 bis unter 65 Jahre	65 Jahre und älter
Vitamin A	129	113	115	104	116	142	138	166	163
Vitamin D	46	42	58	74	83	85	102	128	69
Vitamin E	116	96	85	91	85	88	90	113	124
Thiamin	110	88	86	90	102	106	113	142	147
Riboflavin	126	104	95	97	110	116	121	149	159
Niacin	199	175	157	159	175	198	219	277	300
Pantothensäure	84	67	81	78	82	87	85	100	98
Pyridoxin	220	159	133	114	102	117	118	141	143
Biotin	217-325	161-214	126-189	123-172	75-151	78-157	76-151	86-173	86-171
Folat	53	54	47	55	57	63	59	70	68
Vitamin B_{12}	232	200	215	172	188	216	215	257	247
Vitamin C	124	100	102	111	111	120	105	127	119

(Quelle: Ernährungsbericht 2000)

Diese Daten zeigen, dass die Vitamin- und Mineralstoffversorgung der deutschen Bevölkerung in vielen Altersgruppen bei beiden Geschlechtern nicht optimal ist. Hervorzuheben ist hierbei insbesondere die Folsäureversorgung, die in keiner Altersgruppe auch nur annähernd ausreichend ist. Vor allem für Frauen ist dies ein Problem, da während einer Schwangerschaft schwere Schäden wie Defekte der DNA-Synthese am ungeborenen Leben auftreten können. Die Zufuhr ist im Bezug zu den Referenzwerten von D.A.CH. angegeben. Diese Referenzwerte gelten jedoch nur für gesunde Menschen und berücksichtigen keine Erkrankungen. Es stellt sich die Frage wie sich die Vitamin- und Mineralstoffversorgung darstellen würde, wenn der Mehrbedarf infolge von Erkrankungen berücksichtigt würde. Die Daten des Ernährungsberichts beziehen sich zudem nur auf Altersgruppen, die Versorgungslage von Schwangeren und Stillenden wird nicht erwähnt. Die Versorgung von schwangeren und stillenden Frauen dürfte unter Berücksichtigung des erhöhten Bedarfs schlechter sein.

Weitere Studien belegen eine unzureichende Vitaminzufuhr in Deutschland. Im Rahmen der European prospective investigation into cancer and nutrition (EPIC) wurde die Vitaminzufuhr zweier Kohorten (Potsdam und Heidelberg) erhoben (12). Die Zufuhr an Vitamin A, D, E und Folsäure entsprach dabei nicht den Referenzwerten für die Nährstoffzufuhr. Auch der German Nutrition Survey (GeNuS) befasste sich mit der Vitaminzufuhr in Deutschland (1). Hier entsprach die Zufuhr an Vitamin E und Folsäure nicht den Referenzwerten.

Autor: Sven-David Müller, M.Sc, Master of Science in Applied Nutritional Medicine (Angewandte Ernährungsmedizin), staatlich anerkannter Diätassistent und Diabetesberater der Deutschen Diabetes Gesellschaft (DDG), Haddamshäuser Weg 4a, 35096 Weimar an der Lahn, 1. Vorsitzender des Deutschen Kompetenzzentrum Gesundheitsförderung und Diätetik e.V., www.svendavidmueller.de, diaetmueller@web.de, www.dkgd.de

Literatur: Beim Verfasser, Praxis der Diätetik und Ernährungsberatung, Haug Verlag, E. Lückerath und S.-D. Müller; Kalorien-Nährwert-Lexikon, Schlütersche Verlagsgesellschaft mbH, K. Raschke und S.-D. Müller

Literatur

1. Beitz R, Mensink GB, et al.: Vitamins – dietary intake and intake from dietary supplements in Germany. Eur J Clin Nutr 2002; 56: 539-545

2. Biesalski HK, Fürst P, Kasper H, Kluthe R, et al.: Ernährungsmedizin. 2. Aufl., Stuttgart: Thieme, 1999.

3. Biesalski HK, Grimm P: Taschenatlas der Ernährung. 2.Aufl., Stuttgart: Thieme, 2002.

4. Biesalski HK, Schrezenmeier J, Weber P, Weiß H: Vitamine – Physiologie, Pathophysiologie, Therapie. Stuttgart: Thieme, 1997.

5. Brockhaus Ernährung. Mannheim: F.A: Brockhaus, 2001.

6. Deutsche Gesellschaft für Ernährung (DGE) (Hrsg.): Ernährungsbericht 2000. Frankfurt/M: Henrich

7. Deutsche Gesellschaft für Ernährung (DGE), et al. (Hrsg.): Feferenzwerte für die Nährstoffzufuhr. Frankfurt: Umschau/Braus, 2000.

8. Elmadfa I, Leitzmann C: Ernährung des Menschen. 3. Aufl., Stuttgart: Ulmer, 1999.

9. Leitzmann C, Müller C, Michel P, et al,: Ernährung in Prävention und Therapie. Stuttgart: Hippokrates, 2001.

10. Pschyrembel Klinisches Wörterbuch. 259. Aufl., Berlin: de Gruyter, 2001.

11. Schauder P, Ollenschläger G: Ernährungsmedizin – Prävention und Therapie. München: Urban & Fischer, 1999.

12. Schulze MB, Linseisen J, et al.: Macronutrient, vitamin and mineral intakes in the EPIC-German cohorts. Ann Nutr Metab 2001; 45: 181-189

13. Seshadri S, et al.: Plasma homocysteine as a risk factor for dementia an Alzheimer's disease. N Engl J Med 2002; 346: 476-483

14. Spegg H: Ernährungslehre und Diätetik. 7. Aufl., Stuttgart: Deutscher Apotheker Verlag, 2001.

15. Stanger O, et al.: Konsensuspapier der D.A.CH.-Liga Homocystein über den rationellen klinischen Umgang mit Homocystein, Folsäure und B-Vitaminen bei kardiovaskulären und thrombotischen Erkrankungen – Richtlinien und Empfehlungen. J Kardiol 2003; 10(5): 190-199.